歷史解謎遊戲書

我在漢朝當神探

段張取藝 著

新雅文化事業有限公司
www.sunya.com.hk

歷史解謎遊戲書
我在漢朝當神探

作　者：段張取藝
文字編創：肖嘯
繪　圖：李昕睿
責任編輯：黃楚雨
美術設計：劉麗萍
出　版：新雅文化事業有限公司
　　　　香港英皇道499號北角工業大廈18樓
　　　　電話：(852) 2138 7998
　　　　傳真：(852) 2597 4003
　　　　網址：http://www.sunya.com.hk
　　　　電郵：marketing@sunya.com.hk
發　行：香港聯合書刊物流有限公司
　　　　香港荃灣德士古道220-248號荃灣工業中心16樓
　　　　電話：(852) 2150 2100
　　　　傳真：(852) 2407 3062
　　　　電郵：info@suplogistics.com.hk
印　刷：中華商務彩色印刷有限公司
　　　　香港新界大埔汀麗路36號
版　次：二〇二二年七月初版

原書名：《我在古代當神探 ─ 我在漢朝當神探》
著/ 繪：段張取藝工作室（段穎婷、張卓明、馮茜、周楊翎令、李昕睿、肖嘯）
中文繁體字版 © 我在古代當神探 ─ 我在漢朝當神探 由接力出版社有限公司正式授權出版
發行，非經接力出版社有限公司書面同意，不得以任何形式任意重印、轉載。

ISBN：978-962-08-8043-8

Traditional Chinese Edition © 2022 Sun Ya Publications (HK) Ltd.
18/F, North Point Industrial Building, 499 King's Road, Hong Kong
Published in Hong Kong, China
Printed in China

啊，救救我！

小咕嚕

　　有一隻叫作小咕嚕的神獸，牠的學名叫作獬豸（粵音蟹自）。牠長得既像羊又像麒麟，身上有着細密的絨毛，頭上頂着長長的獨角。小咕嚕翻開了一本有魔法的書，被瞬間帶回了漢朝。各位小神探必須解答出這個朝代每一個案件中的謎題，才能將小咕嚕帶回現實世界。

　　小神探，你能答疑解難，任務通關，讓小咕嚕成功從書中脫身嗎？

目錄

玩法介紹

一　閱讀案件資訊，了解案件任務。

案件的背景

需要完成的任務

翻頁進入案發現場。

二　案發現場，關鍵發言人的對話對解謎有重要作用。

圓圈顏色對應畫面同色的對話框。

玉璽的盒子裏有一撮藍色的毛，周圍還有動物的爪印。

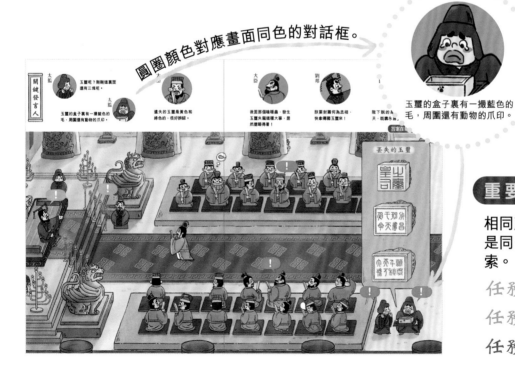

重要提示：

相同顏色的對話框是同一個任務的線索。

任務一

任務二

任務三

三 部分案件需要用到貼紙道具。

通過推理將貼紙歸位。

 四 恭喜你通過任務。想知道案件的全部真相，
請翻看第 51 至 55 頁的答案部分。

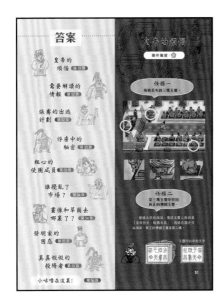

 五 每一個案發現場都有小咕嚕的身影，快去
找找牠吧！想知道答案，請翻看第 56 頁。

你能找到我嗎？

大漢興衰詩

高祖斬白蛇，定鼎四百年。

巍巍廿九帝，凜凜將如雲。

劉邦封羣臣，亞夫平七國。

張騫通西域，漢武征匈奴。

解憂刺狂王，西行成坦途。

王莽篡朝政，光武立新漢。

戚宦朝中鬥，黃巾亂世間。

兩漢雖已逝，謎案終長存。

快開始吧，小神探。

你能找到
玉璽嗎？

皇帝的煩惱

案件難度：☆

　　劉邦當了皇帝後，在皇宮裏舉行分封大典獎勵功臣，他的三塊玉璽卻突然不見了。小神探，你能幫忙尋找玉璽，讓分封大典順利進行嗎？

案件任務

一　尋找丟失的三塊玉璽。

二　從三塊玉璽中找出真正的傳國玉璽。

太監

玉璽呢？剛剛這裏面還有三塊呢。

太監

玉璽的盒子裏有一撮藍色的毛，周圍還有動物的爪印。

大臣

遺失的玉璽是黃色和綠色的，很好辨認。

答案在第 51 頁 ▶

大臣

後面那個瞌睡蟲，發生玉璽失竊這種大事，居然還睡得着！

劉邦

朕要封蕭何為丞相，快拿傳國玉璽來！

大臣

陛下說的是刻有「受命於天，既壽永昌」的那一塊。

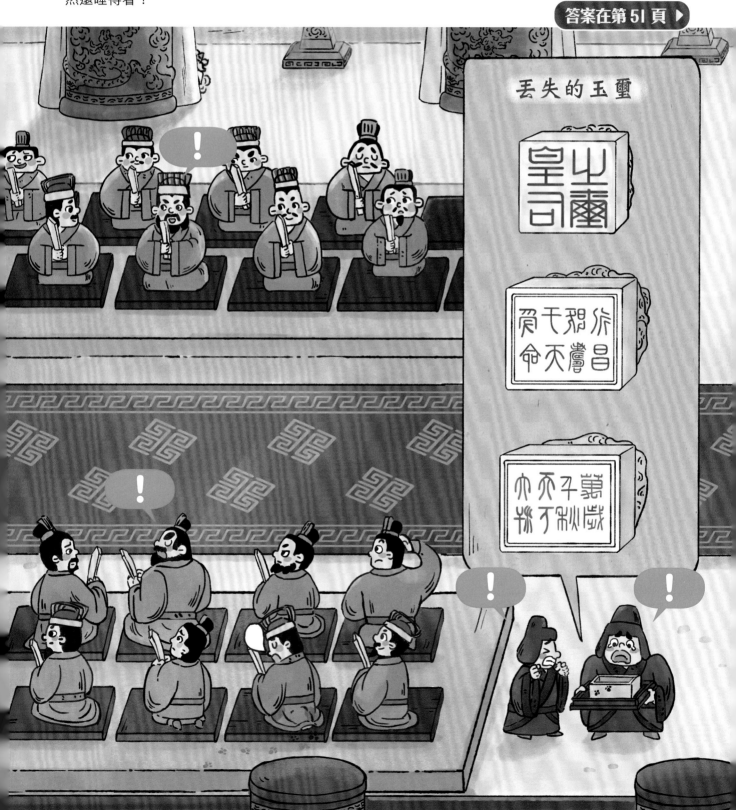

漢朝的開始

　　小神探將玉璽物歸原主後，分封大典得以繼續進行。劉邦建立漢朝後，給屬下和親朋好友每人一大筆獎勵，還任命其中有能力的人去擔任官職，幫助自己更好地管理國家，讓老百姓過上了安穩的日子。

皇帝那些事

　　古代中國以帝制來管治，皇帝就是擁有最高權力的統治者。中國歷史上各朝代共出現了數百個皇帝，小神探，你們認識多少個呢？

第一個皇帝

　　秦始皇嬴政建立了秦朝。他認為自己比傳説中的「三皇」和「五帝」還要厲害，所以自稱為「皇帝」。

最有藝術造詣的皇帝

　　北宋的宋徽宗從小就酷愛藝術，他善於繪畫、書法，還成立了宮廷畫院，把畫畫作為一種升官的考核方法。

最後一個皇帝

　　溥儀是清朝最後一個皇帝，也是中國歷史上最後一個皇帝。在他之後，中國再也沒有採用帝制管治了。

需要解讀的情報

案件難度： ☆ ☆

漢景帝想加強中央的權力，於是下詔削減諸侯國的封地。結果不好啦，七個諸侯國叛亂了！大將軍周亞夫臨危受命，準備帶兵出征。前線傳來了關於敵方的情報，周亞夫手下的軍官和謀士根據情報，作出了自己的分析。

小神探，請趕緊幫助周亞夫還原出情報的關鍵內容吧！

案件任務

一 確認漢朝廷、吳國和楚國分別有多少兵力。

二 確認七國的位置，並將貼紙貼在相應的 🏯 上。

三 **幫助周亞夫將軍選擇最合適的方案。**

將軍甲

謀士

將軍乙

關鍵發言人

⚔️ 表示十萬軍隊，🗡️ 表示一萬軍隊。可以根據這個來判斷雙方兵力，制定合理戰略。

楚國有鹽場，吳國有銅礦造銅錢。這兩國地盤大，又有錢，所以都城建得很高大，很難攻打。

趙國有一點銀礦，膠東的面積比濟南大，濟南比膠西大，淄川（淄：粵音之）最小。這五國沒什麼實力，可以暫時不管。

周亞夫

將軍丙

現在有三種方案：
①直接在睢陽（睢：粵音需）與敵軍決戰；
②一隊增援睢陽，大部隊切斷吳、楚兩國的補給線；
③一隊攔截北方五國，一隊支援睢陽，一隊攻擊兩國都城。

吳、楚兩國各派出十萬軍隊進攻睢陽，還留了一些軍隊駐守都城。但他們的補給線很長，一旦被切斷，前方軍隊沒飯吃，就不攻自破了。

答案在第 52 頁 ▶

七國之亂

小神探向周亞夫說明，還原了情報內容，並向他提出了建議。周亞夫採用合理的戰略，一路勢如破竹，僅用了三個月就平定了七個諸侯國的叛亂。皇帝將這些諸侯的土地收回中央，解決了地方問題之後，漢朝的經濟和軍事力量逐步發展至最強盛的時期。

制度那些事

中國的土地太大了，歷代的皇帝曾採用各種政治制度去管理國土。隨着時代發展，制度也變得越來越完善。小神探，你們聽過以下的制度嗎？

封你去齊國當王。

謝陛下！

分封制

因為國家太大，皇帝沒有辦法管理所有土地，就安排親戚和功臣去各地建立諸侯國，輔佐治理天下。這就是「封邦建國」的分封制。

郡縣制

分封到地方上的諸侯總不聽皇帝的命令，於是皇帝就收回權力，把地方劃分為郡、縣、鄉，再任命官員去管理，這就叫「郡縣制」。

中央
郡
縣
鄉、里、亭

行省制

元朝時，國家的面積比以往朝代都要大，於是中央就把地方劃分為更大的行省，這也是我們現在沿用的省制的雛形。

幫張騫逃走吧！

張騫的出逃計劃

案件難度：☆ ☆ ☆

漢武帝派張騫出使西域各國，準備聯合大月氏（粵音大肉支）夾擊匈奴。沒想到，張騫被匈奴人抓住並關押了十年。現在，匈奴人終於放鬆了警惕，出逃的機會來了！大月氏的內應給張騫留下了密函，密函中有出逃的計劃，張騫要帶着他的三個隨從一起逃走。

小神探，快幫助張騫破解密函，回到大漢朝廷吧！

案件任務

一　找出張騫出逃所需要的物品。

二　找出部落裏三個漢朝使節團的隨從。

三　確認密函提示的出逃時間和內應位置。

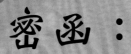

密函：

卯，遷。匆匆，魄。
子丑寅卯，
時過境遷。
行色匆匆，
動人心魄。

羊有四隻腳，
角有三寸長。
所以吃羊肉，
指定要燒烤。

弓　一副
盾　一對
大刀　兩個
水袋　三份
食物　一把
小刀　一個
旌節*　一個

*旌節即是使者的儀仗。
旌，粵音精。

張騫

密函提示了行動的時間、內應的位置。幫張騫破解信息吧！

我已經把出逃計劃需要的東西寫在字條上了，可是我還有重要的事情要辦，誰能幫我找齊這些物品呢？

衞兵

奇怪奇怪真奇怪，我的帳篷上的羊頭怎麼歪掉了？

匈奴人

最近大月氏和我們的關係不太好呀！

匈奴人

我大哥被大月氏的人揍了一頓，眼睛還包着布呢。

答案在第 52 頁 ▶

匈奴貴族

漢朝使節團的人喜歡戴簪子、玉佩，哪有我們的髮型和佩刀好看！

匈奴貴族

還有個人天天在吹着一支破笛子，難聽死了。

衛兵

所有帳篷上的羊頭都歪了。今天我總感覺有什麼不好的事情要發生。

張騫通西域

　　小神探幫助張騫逃離了匈奴。張騫回到漢朝廷後，將自己沿途的所見所聞記錄下來，包括西域各國的位置、特產、人口、城市、兵力等，讓朝廷第一次對西域有了全面的認識。張騫這次經歷打通了漢朝廷通往西域的道路，這就是後世赫赫有名的「絲綢之路」。

西域那些事

　　西域是古代對中原以西區域的稱呼，當時西域有很多小國，它們的名稱很有趣，也有特色的文化。小神探，你們有聽過以下國名嗎？

龜茲國

　　龜茲（粵音鳩詞）國百姓能歌善舞，文化也很發達。石窟藝術的歷史比莫高窟還要久遠！

> 大哥，有什麼吩咐？

車師國

　　車師（車，粵音居）國作為西域的交通樞紐，卻是匈奴的小跟班，對匈奴人唯命是從。

> 我的大哥是國王！

> 國王也是我大舅！

小宛國

　　小宛國是西域最小的國家之一，全國只有150戶，大約一千人，人口還不及中原一個大村子。

樓蘭國

　　樓蘭國是西域的大國，卻一夜之間從中國史冊上消失了。至今，下落依舊不為人知。

好好研究一下地圖。

俘虜中的秘密

案件難度：☆ ☆

　　漢朝和匈奴之間爆發戰爭，在漠北之戰中，驃騎將軍霍去病擊敗了匈奴大軍，抓了很多俘虜，匈奴的韓王和屯頭王也躲在其中，他們可是很有價值的俘虜，快快把他們找出來！

　　另外，匈奴大軍戰敗後躲了起來，霍將軍要找出並一舉殲滅他們，你能幫幫忙嗎？

案件任務

一 找出藏在俘虜裏的韓王。

二 找出屯頭王。

三 尋找匈奴大軍的位置，幫助霍去病，用編號規劃一條合理的追擊路線。

公元前一一九年　封狼居胥 ▶

23

關鍵發言人

匈奴武士

韓王逃跑時還要找寶石項鍊，我們匈奴的王，居然是個守財奴，唉！

匈奴武士

雖然說聰明的腦袋不長毛，可是韓王這個禿頭，也沒見他聰明到哪裏去，還害得我們全部被俘虜了！

匈奴人

屯頭王就是大笨蛋，明明生得那麼巨大，打起仗來一點都不中用！

匈奴貴族

我和屯頭王臉上都有紋身，我曾希望像他一樣勇敢，沒想到他原來是個膽小鬼。

匈奴人

我們在聖山「狼居胥山」（胥：粵音需）的庇佑下，一定會戰勝漢朝的。你看，聖山那巍峨的氣勢代表的，正是我們匈奴的勇氣呀！

匈奴牧民

前往聖山的路一旦走錯，漢朝的大軍就會在沙漠裏全軍覆沒。

答案在第 53 頁 ▶

封狼居胥

　　小神探和霍去病將軍制定了正確的路線後，一路乘勝追擊，殲滅了匈奴餘部，徹底取得了勝利。霍去病在匈奴人的聖山——狼居胥山舉行了祭天封禮，這也成為古代軍人最高榮譽的象徵。從此，匈奴人再也不敢出現在漠南地區，漢朝邊境迎來了長時間的和平與安定。

將軍那些事

　　古代中國戰爭頻繁，也冒起很多威武的將軍。要成為著名的將軍，只有一身勇武是不行的，小神探，你們認識以下的名將嗎？

不善武功的將軍：陳慶之

　　陳慶之是魏晉南北朝的將領，他不會騎馬射箭，卻善於用兵，曾經創下七千兵馬擊敗數十萬軍隊的戰績。

進步最大的將軍：呂蒙

　　東漢末年的三國時代，呂蒙原本只會打仗，從不讀書，總是被人嘲笑，於是他發誓好好學習，之後就變得很有學問了。

保衛大唐的名將：郭子儀

　　唐朝中期國家戰亂頻頻，郭子儀挺身而出，平定了安史之亂。他戎馬一生，功勳卓著，被唐德宗尊為「尚父」。

解憂公主真是大義凜然呀！

粗心的使團成員

案件難度：☆ ☆

　　烏孫國傳來了不好的消息！狂王泥靡要背叛漢朝廷，投靠匈奴。王后解憂公主是漢朝的公主，為了西域的和平，通知了漢朝的使團。使團計劃刺殺泥靡，但去市集準備行動工具時，不小心走散了，還弄丟了採購的物品。你能找回走散的三名使團成員，並幫他們找到丟失的物品嗎？

公元前五三年 刺殺狂王 ▶

案件任務

一　尋找三位喬裝打扮的漢朝使團成員。

二　找回使團成員丟失的三樣物品。

公主侍女

昨天公主命我聯絡使團時，送給他們每人一條金黃的毛領，在市面上找不到的。

烏孫國人

漢朝使團成員身上的玉佩真精美，很多烏孫貴族也買了同樣的掛在腰上。

解憂公主

不知道使團成員準備好沒有。撤退時用的代步工具也要準備好啊！

烏孫國人

有個傢伙居然把駱駝弄丟了，他還說駱駝尾巴上紮了三根不同顏色的繩子。

烏孫貴族

我們烏孫人誰會把刀弄丟？今天市集上還真的有人在找自己的刀。簡直是笑話！

烏孫國人

剛剛有人慌張地找他的酒，酒丟了再買不就行了？說不定早就被偷喝了。

答案在第 53 頁 ▶

刺殺狂王

　　小神探和解憂公主一起找到了使團成員和他們丟失的物品，然而計劃最終卻失敗了。

　　解憂公主在危險重重的政治鬥爭中步步為營，維護漢朝廷和烏孫國之間的友好關係，為兩國的和平做出了巨大的貢獻。晚年，七十歲的解憂公主終於再度回到故鄉，兩年後在長安去世，她的經歷也成為西域歷史上的一段傳奇。

和親那些事

　　古代中國採用和親政策（和：粵音禍），把公主嫁給外族的君主，以表示友好。公主要嫁到遠方實在太偉大了，小神探，你們認識當中幾多故事呢？

最著名的和親

　　漢元帝時，王昭君與匈奴和親，史稱「昭君出塞」，維持了漢匈邊境數十年的和平。

意義最深遠的和親

　　文成公主與松贊干布聯姻後，帶給吐蕃大量農業、文化知識，既造福百姓，還維護了唐朝和吐蕃之間的和平。

最受重視的和親

　　唐中宗為金城公主親自送行數百里；吐蕃的贊普（君長的稱號）叫棄隸縮贊，他更派出千人的接親隊伍前來迎接。

距離最遠的和親

　　元代的闊闊真公主，從元大都出發，經泉州港改走海路到達伊爾汗國，歷時兩年多！

誰攪亂了市場？

案件難度：☆ ☆

西漢末年，物價飛漲，老百姓生活非常艱苦。王莽建立新朝後推行了一系列改革措施，也沒能解決問題。王莽手下的官員對現在市場上的情形一籌莫展，你能幫他們找出問題在哪裏嗎？

案件任務

一 找出市場上哪些商品價格高出了官方均價。

二 找出被惡意抬價的商品，及導致這種結果的商舖。

三 確認官府的貸款能否順利收回。

官員

商品價格只要超過官方均價的兩倍，就屬於惡意抬價。要小心黑心商舖囤積商品，無理抬高價格！

市民

物價這麼漲，老百姓怎麼生活呀？商舖把價格炒得這麼高，官府也不管嗎？

市民

有位老闆僱用我往他家倉庫運貨，倉庫可大了，有好幾間呢。

官員

官府把一筆款項貸給城東張老闆的商舖做生意，這個月我負責去收回貸款。

老劉布坊老闆

城裏的布店太多，布賣不出去，都要發霉了。乾脆降價甩賣出去搶生意吧。

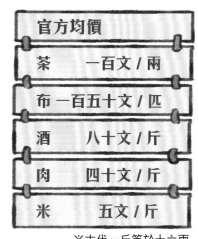

官方均價	
茶	一百文／兩
布	一百五十文／匹
酒	八十文／斤
肉	四十文／斤
米	五文／斤

※古代一斤等於十六兩

答案在第54頁 ▶

王莽改制

在小神探的幫助下，官員們暫時解決了眼前的問題。但王莽的改制沒能挽救西漢末年的社會危機，那些改革措施無法真正解決尖銳的社會矛盾，反而使矛盾更為激化，最終導致天下大亂，新朝只維持了短短十幾年就被農民起義推翻，王莽自己也被起義軍所殺。

變法那些事

變法是指政府為了應付當時的社會環境，在政策上作出重大的變革。中國歷史上曾出現多次意義重大的變法，小神探，你們有聽過嗎？

第一次變法

春秋時期，管仲在齊桓公的支持下推行變法，他重視商業，提倡富國強兵，使齊國工商業繁榮，成為強國。

秦國的變法

戰國時期，商鞅在秦國提出獎勵軍功、重視農業的策略，使得秦國國力增強，為之後吞併六國打下基礎。

孝文帝變法

南北朝時期，北魏孝文帝改革土地制度、遵從漢人習俗，不僅促進農業生產，還加強了民族之間的友誼。

最短的變法

清末，康有為、梁啟超推行變法，想拯救大清王朝。可惜觸動了守舊派的利益，變法只維持了一百天就被廢除。

畫像和草圖去哪裏了？

案件難度：⭐ ⭐

　　漢明帝想要紀念當年跟隨他父皇打江山的開國將軍，於是下令在雲台閣為他們繪畫畫像。今天就是最後的交稿日，但是雲台閣卻一片混亂，有一位畫師的畫像草圖不見了，還有六位將軍的畫像找不到對應的位置。你能幫助畫師解決這些麻煩嗎？

案件任務

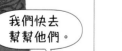

我們快去幫幫他們。

一　幫助畫師尋找丟失的草圖。

二　貼紙上的六位將軍都有對應的位置，使他們回歸原位。

畫師

畫像的草圖在哪裏？那是淺黃色草紙，上面有紅色墨，有誰看見嗎？

畫師

這幅畫中將軍的虎皮腰帶是先帝賞賜的。

侍女

這位將軍的一對武器很威武，揮舞時不會砍到自己吧？

畫師

這位將軍有一把削鐵如泥的寶刀，相傳是仙人送給他的。

侍女

畫像中的將軍是征南大將軍，他的武器就像鐵瓜，一般人根本拿不動。

僕人

聽說有位將軍愛用飛鏢，百發百中，平常就把飛鏢藏在袖子裏！

答案在第54頁 ▶

雲台二十八將

　　為了報答小神探的幫助，畫師們說起了畫像背後的故事。新朝末年，漢朝皇族後代劉秀在家鄉起兵，最終消滅了所有對手，再度建立了漢朝，成為東漢的開國皇帝。劉秀的二十八位大將為他打江山，立下了汗馬功勞，漢明帝劉莊繼位後，請畫師在雲台閣畫了這二十八位功臣的畫像，表彰他們的功績，這就是「雲台二十八將」的由來。

成語那些事

　　我們日常使用的成語，有一些來自歷史人物的事跡。以下幾個成語就跟東漢的開國皇帝劉秀有關，小神探，你們可能有聽過，但知道它們的由來嗎？

有志者事竟成

　　劉秀在打敗強敵張步，平定齊地後，對手下的大將耿弇（粵音掩）說：「你曾向我提出這個重大計策，我當時覺得完全不可能，然而現在都做到了。可見只要有志氣，再難的事也辦得成！」

沒事，我不累！

父王，休息一下吧！

樂此不疲

　　劉秀經常處理政事到深夜。兒子劉莊勸他多休息，劉秀卻說：「處理政務是我樂意做的事情，所以不會感到疲倦。」

手不釋卷

　　劉秀在打仗時，每天都要處理軍務。即使這樣，他仍然堅持讀書，書本總是不離手。

發明家的困惑

案件難度：☆

　　蔡倫一直在改進造紙術，今天的實驗中，一個書僮幫了倒忙，他把一些玩具扔進了原料池裏。趕快幫蔡倫找出那些東西，避免實驗失敗！

　　而同一時期的張衡改進了渾天儀，用它來觀察星宿的運行。今天的觀測結束後，他準備考一考學生，你能幫助學生解答張衡的問題嗎？

案件任務

一　尋找書僮丟進原料池裏的五件玩具。

二　確定今天能觀察到四大星宿中的哪一個星宿。

書僮

把我的玩具放進去，説不定能幫蔡大人把紙造出來呢！

蔡倫

把布匹、樹皮、漁網和麻頭泡在池子裏，這些是最好的造紙材料，其他雜物都不能放進去。

蔡倫改進造紙術

張衡

請對照渾天儀繪製的星圖尋找今天觀測到的星宿。

星圖：

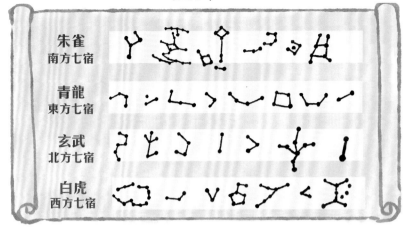

朱雀 南方七宿	
青龍 東方七宿	
玄武 北方七宿	
白虎 西方七宿	

造紙術與渾天儀

小神探成功解決了兩位發明家的問題，讓他們的研究項目繼續推進。東漢中期社會穩定，人們的生活水準提升。在這種安定的環境下，科學技術也有長足的發展。人們用蔡倫改進的造紙術造出了便宜又好用的新紙，用張衡製造的渾天儀總結了許多珍貴的天文知識，這些都是人類智慧的結晶。

科技那些事

中國古代的科技水平很高，為世界的文明作出了貢獻。接近二千年前的漢朝，除了有蔡倫造紙和張衡渾天儀之外，以下發明也不可以小看啊！

水力鼓風冶鐵爐

火越旺，鐵裏的雜質就越少，鐵器品質也就越好。東漢的杜詩想到用水力鼓風，讓爐火更旺，打造出更優質的鐵器。

麻沸散

一千八百多年前的東漢末年，醫生已可以為患者做開腹手術了，這都得益於名醫華佗所發明的麻醉藥——麻沸散。

天公將軍叫去，
好像一副胸有成
也許是想出了戰
計謀吧。

天公將軍生病了，把所有
大夫都叫去了。我們頭領
中了三箭，只能自己包紮
一下。

黃巾軍士兵

我們東大營就是不受重視，
送死賣命的都是我們，東大
營都快成了傷兵營了！

黃巾軍士兵

答案在第 55 頁 ▶

黃巾軍降兵

我是東大營的人，我們正在城東
挖地道，我們頭領負傷了，他說
只要將軍願意救我們，明早就能
通過地道進城。

黃巾軍士兵

我們頭領的雙刀十分厲
害，殺過不少官兵，天
公將軍十分欣賞他，因
此升官升得很快。

黃巾軍士兵

昨天頭領
出來的時
竹的樣子
勝敵人的

黃巾起義

在小神探的幫助下，皇甫嵩將軍找到了真正的投降者，成功鎮壓了黃巾起義。但漢朝老百姓已經生活在水深火熱之中，這次起義是迫不得已而奮起反抗，即使起義最後失敗，也徹底動搖了東漢的統治根基。在這種情形下，漢朝的官員還在爭權奪利，不管百姓的死活，各地動亂四起，漢朝逐漸走向滅亡，三國時代即將到來。

三國那些事

各位小神探很熟悉的三國故事，正是來自東漢末年，各地諸侯坐擁勢力互相攻打，之後發展成三個國家並立。你們記得三國的國名和建國的君主嗎？

曹魏

由曹操之子曹丕建立。公元二二〇年，曹丕強迫漢獻帝禪位給他，正式宣告東漢的終結。曹魏佔據人口財富最多的中原地區，因此國力也最強大。

蜀漢

公元二二一年，由劉備在成都建立，劉備是漢朝王族的後代，因此沿用「漢」為國號，史學家稱之為蜀漢。

孫吳

公元二二二年，由孫權在東南地區建立，史稱孫吳，又叫東吳，擁有三國之中最強大的水軍。

真真假假的投降者

案件難度：☆ ☆ ☆

　　東漢末年，天下大亂，張角發動黃巾起義，想要推翻漢朝。朝廷派出大將皇甫嵩（粵音鬆）帶兵攻打黃巾軍大本營。現在有兩名黃巾軍士兵先後投降，還分別提出計劃幫助官軍攻入城內。誰人才是真投降，你能幫皇甫嵩分辨出來嗎？

案件任務

一 幫皇甫嵩找到通往制高點的路線。

二 找出兩名黃巾軍士兵說的東大營頭領和西大營頭領所在的位置。

三 幫皇甫嵩分辨東大營和西大營哪個才是真正投降者。

關鍵發言人

漢軍副將

稟告將軍，有兩名黃巾軍的士兵先後過來投降，他們都說有重要的機密向你稟報。

黃巾軍降兵

天公將軍張角和我們西大營的頭領關係不好，頭領派我來約定投降計劃。你們派人挖地道進城，我們負責接應，可以一舉拿下整座城池。

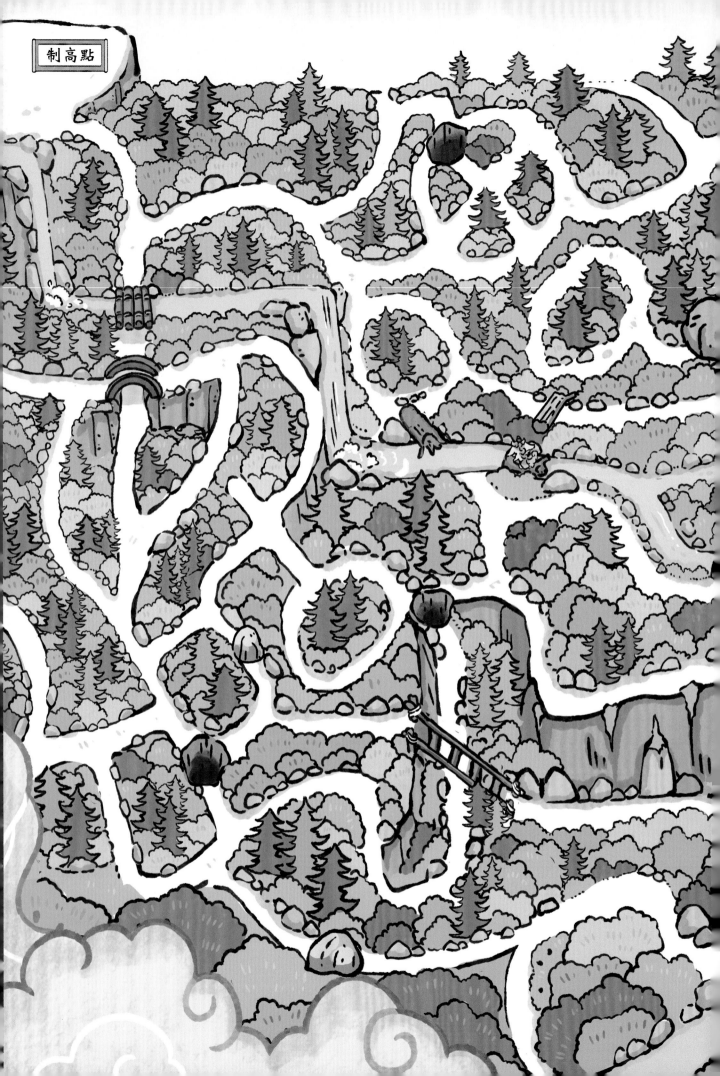

答案

皇帝的煩惱

案件難度：☆

任務一
尋找丟失的三塊玉璽。

任務二
從三塊玉璽中找出
真正的傳國玉璽。

根據大臣的描述，確認玉璽上刻的是
「受命於天，既壽永昌」，再結合圖片可
以得知，真正的傳國玉璽是第二塊。

玉璽印出來的文字

需要解讀的情報

案件難度：★☆

任務一
確認漢朝廷、吳國和楚國分別有多少兵力。

根據謀士描述，有鹽場的是楚國，有銅礦的是吳國，從而得出兩國的位置。看圖將各國的境內及戰場上的兵力相加，得出總兵力。

楚國：境內二萬加戰場上十萬，共十二萬兵力；
吳國：境內三萬加戰場上十萬，共十三萬兵力；
漢朝廷：境內十二萬加戰場上五萬，共十七萬兵力。

任務二
確認七國的位置，並將貼紙貼在相應的 ⛩ 上。

已知吳國、楚國的位置，再根據將軍乙的描述，結合圖例可知：境內有銀礦的是趙國，剩餘四國可通過面積大小推算出來。

任務三
幫助周亞夫將軍選擇最合適的方案。

根據將軍丙的描述，此戰要點在於糧草補給，因此應該選擇方案二。

52

張騫的出逃計劃

案件難度：★☆★

任務一
找出張騫出逃所需要的物品。

◯ 大弓、刀盾、小刀
◯ 水袋
◯ 食物
◯ 旌節

根據字條上的文字描述找齊所有物品。

任務二
找出部落裏三個漢朝使節團的隨從。

根據匈奴貴族的描述，漢朝使節團的隨從攜帶了簪子、玉佩、短笛，在畫面中可找到他們。

任務三
確認密函提示的出逃時間和內應位置。

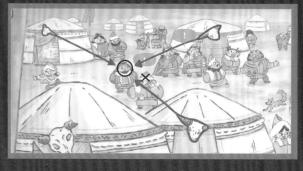

密函上面寫的是藏頭詩，只要將每句第一個字連起來，可看到信息「子時行動，羊角所指」。再根據三個歪掉的羊角的指向，鎖定兩個疑似的內應。最後根據匈奴人的描述說自己大哥眼睛包着布，可以排除他，確定另一人是內應。

俘虜中的秘密

案件難度：⭐⭐

任務一
找出藏在俘虜裏的韓王。

根據匈奴武士的描述，確定韓王是戴着寶石項鍊和禿頭的人。

任務二
找出屯頭王。

根據匈奴人和匈奴貴族的描述，屯頭王是高個子、臉上有紋身的人。

任務三
尋找匈奴大軍的位置，幫助霍去病，用編號規劃一條合理的追擊路線。

地圖顯示霍去病大軍位置在①。透過兩個匈奴人的描述，可知匈奴大軍正在聖山，而其中一人在地上畫出了聖山的形狀，得出大軍在④狼居胥山。再根據匈奴牧民的描述，行軍不能進入沙漠。最後得到的行軍路線是：①②④⑤⑧。

粗心的使團成員

案件難度：⭐⭐

任務一
尋找三位喬裝打扮的漢朝使團成員。

根據公主侍女的描述，使團成員每人有一條金黃的毛領，在市面上找不到。烏孫國人就說他們身上都有玉佩，因此，以下三人就是使團成員：

任務二
找回使團成員丟失的三樣物品。

結合市集上烏孫國人的描述，找到以上三樣物品：刀、毒酒、駱駝。

誰攬亂了市場？

案件難度：★☆

任務一
找出市場上哪些商品價格高出了官方均價。

比較官方均價和畫面中商舖的價目表，所有商品都超出了官方設定的均價。

任務二
找出被惡意抬價的商品，及導致這種結果的商舖。

根據官員的描述，價格高出均價兩倍的商品屬於惡意抬價，只有米的價格被無理抬高了。

觀察畫面和市民關於倉庫的描述，發現老孫糧舖囤積了三個倉庫的米，他是囤積商品最多的商人，導致惡意抬價。

任務三
確認官府的貸款能否順利收回。

通過官員的描述，貸款人是城東的張家布坊。根據老劉布坊老闆的描述，現在布坊間競爭激烈，而他低價出售布匹後，更會影響張家布坊的生意，所以官府的貸款將會無法順利收回。

畫像和草圖去哪裏了？

案件難度：★☆

任務一
幫助畫師尋找丟失的草圖。

在畫面的左邊可以找到遺落的草圖。

任務二
貼紙上的六位將軍都有對應的位置，使他們回歸原位。

根據畫師的描述，畫中的將軍紮着虎皮腰帶，是傅俊。

根據侍女的描述，畫中的將軍有一對武器，是拿着雙斧的蓋延。

根據畫師的描述，這位將軍有一把削鐵如泥的寶刀，是馮異。

根據畫面中畫師的話，使用了很多藍色顏料的將軍是臧宮（臧：粵音莊）。

根據侍女的描述，征南大將軍的兵器形似鐵瓜，正是岑彭。

根據僕人和畫面中畫師的描述，這位畫師在畫使用暗器的將軍，從貼紙中找到寇恂（粵音扣詢）。

發明家的困惑

案件難度：☆

任務一
尋找書僮丟進原料池裏的五件玩具。

找到以下玩具：
一：撥浪鼓
二：毽子
三：玉笛
四：小鳥推車
五：陀螺

任務二
確定今天能觀察到四大星宿中的哪一個星宿。

觀察水面上星宿上下相反的倒影，再通過星圖對照，可知今天可以觀測到的是北方七宿「玄武」星宿。

真真假假的投降者

案件難度：☆☆☆

任務一
幫皇甫嵩找到通往制高點的路線。

任務二
找出兩名黃巾軍士兵説的東大營頭領和西大營頭領所在的位置。

根據黃巾軍士兵的描述，西大營頭領拿着雙刀，而東大營頭領身中三箭，他們分別在自己的營地。

任務三
幫皇甫嵩分辨東大營和西大營哪個才是真正投降者。

根據黃巾軍在圖中的位置，可知他們分別屬於哪一個大營。根據描述總結得出西大營的頭領與天公將軍張角關係密切，而且昨日已溝通了計謀，他不可能投降。而東大營的人已經沒有生路，也有拿着鏟子準備挖地道的人，所以相信東大營是真正的降兵。

小咕嚕在這裏！

我在這兒呢！